石油石化企业劳动防护用品系列口袋书

躯干部、坠落类防护

中国石油化工集团有限公司安全监管部
中国石油化工集团有限公司劳动防护用品检测中心
组织编写

中国石化出版社

内 容 提 要

本书是《石油石化企业劳动防护用品系列口袋书》丛书之一，采用漫画与文字相结合的形式对石油石化企业所主要面临的躯干部、坠落类工作职业危害因素特点、主要防护用品及其使用维护保养等知识进行描述。本书语言简洁、通俗易懂、图文并茂，适合作为石油石化企业一线员工培训教材。

图书在版编目（CIP）数据

石油石化企业劳动防护用品系列口袋书．躯干部、坠落类防护 / 中国石油化工集团有限公司安全监管部，中国石油化工集团有限公司劳动防护用品检测中心组织编写．—北京：中国石化出版社，2020.5

ISBN 978-7-5114-5780-6

Ⅰ．①石… Ⅱ．①中… ②中… Ⅲ．①石油企业－躯干－个体保护用品②石油企业－断绳保险器（罐笼）－个体保护用品 Ⅳ．① X924.4

中国版本图书馆 CIP 数据核字 (2020) 第 073137 号

中国石化出版社出版发行

地址：北京市东城区安定门外大街 58 号
邮编：100011　电话：(010) 57512500
发行部电话：(010) 57512575
http://www.sinopec-press.com
E-mail:press@sinopec.com
北京富泰印刷有限责任公司印刷
全国各地新华书店经销

*

787×1092 毫米 32 开本 3 印张 45 千字
2020 年 5 月第 1 版　2020 年 5 月第 1 次印刷
定价：30.00 元

《石油石化企业劳动防护用品系列口袋书》

编 委 会

《躯干部、坠落类防护》编委会

主　　编：于新民　李　艳

副 主 编：金业海　王铁成

编写人员：于新民　李　艳　金业海　王铁成
王晓宇　杨　雷　盛　华　姚　磊
赵　忠　于浩然　刘桂法　付　文
孙丙运　单国良　薄其波　张东旭
戚元秋　黄晓濛　沈绍军　王卫涛
王　勇　刘友恒　张　蕾　胡　伟
李　云　李璟珂

序

劳动是整个人类生活的第一个基本条件，它既是人类社会从自然界独立出来的基础，又是人类社会区别于自然界的标志。由于安全是人的最基本的生理需求，所以自生产劳动之始，劳动保护措施和劳动防护用品就应运而生，这是古代劳动人民对生产劳动中无数次血的教训的总结。我国在西周至西汉时期采矿和炼铜业已相当发达，在巷道支护、矿石运输、通风、排水等各个方面都采取了安全措施，如采用了框架式支护技术防止冒顶片帮。北宋建筑学家喻皓主持建造11层的汴京开宝寺塔时，每一层都设置一帷幕，起到了安全网的作用。第一次工业革命以后，广泛的生产机械化对劳动保护提出了更高要求，而我国这一时期的劳动保护工作随着社会整体生产水平一起远远落后于西方国家。

改革开放以来，我国社会生产力不断快速发展，劳动保护工作愈来愈得到重视，伴随而来的是市场上劳动防护用品种类、性能、质量、舒适性等都在飞速进步。不管是国际知名品牌的劳动防护用品，还是我国自主品牌的劳动防护用品，为最大程度发挥保护作用，都针对员工的具体工作环境，向着所需防护功能集合化、智能化发展。这就对员工选择、使用、维护保养防护用品提出了更高要求。目前，我国劳动保护工作与世界发达国家存在差距，很重要的一部分就是对员工的基础培训不到位，能够正确选择、使用、维护保养防护用品的员工在全部劳动者中占比偏低，这成为了劳动保护工作的短板。

石油石化行业危险性高，危害因素复杂，是需要落实劳动保护工作的重点领域。鉴于此，中国石油化工集团有限公司安全监管部会同劳动防护用品检测中心组织人员编写了《石油石化企业劳动防护用品系列口袋书》。本系列口袋书按照劳动防护用品的分类进行编写，对目前员工常用的劳动防护用品的相关知识进行描述，主要包括劳动防护用品的选用原则、正确使用方法、维护保养方法、使用周期、相关标准以及具体案例，并配以简单易懂的图片，方便劳动者理解和使用。

希望本系列口袋书能够为石油石化行业劳动者合理选择使用劳动防护用品提供指导和帮助，更好地保护劳动者的生命安全和健康。

前　言

在石油石化企业中，员工无论是从事上游的石油与天然气勘探开发、开采、管输、销售等工作，还是从事下游的石油炼制、石油化工、化纤、化肥等工作，涉及岗位多，现场作业环境复杂，导致员工工作面临众多躯干部、坠落类职业危害因素，如化学品的毒性危害、爆燃的烧伤和高空坠落，一旦发生事故，极易造成人员受伤甚至死亡。因此在作业过程中，职工必须掌握躯干部、坠落类防护用品的分类、组成、使用、维护保养方法等，切实做好躯干部、坠落类防护，避免事故发生。

鉴于此，为了让员工掌握石油石化企业所存在的躯干部、坠落类职业危害及其防护相关知识，本书就如下问题进行了详细描述。

· 石油石化企业存在哪些躯干部、坠落类职业危害？

· 躯干部、坠落类防护用品是如何分类的？

· 如何选用不同类别的防护服？

· 如何正确选用不同的坠落类防护用品？

· 如何正确穿戴躯干部、坠落类防护用品？

· 躯干部、坠落类防护用品的维护保养及存放应注意哪些事项？

目录

第一部分　躯干部防护

第二部分　坠落类防护

第一部分

躯干部防护

1 危害因素

石油石化企业涉及的躯干部伤害主要有爆炸烧伤、高温烫伤、化学药品灼伤、电弧烧伤、低温冻伤等，普遍存在于石油石化企业诸多岗位中。

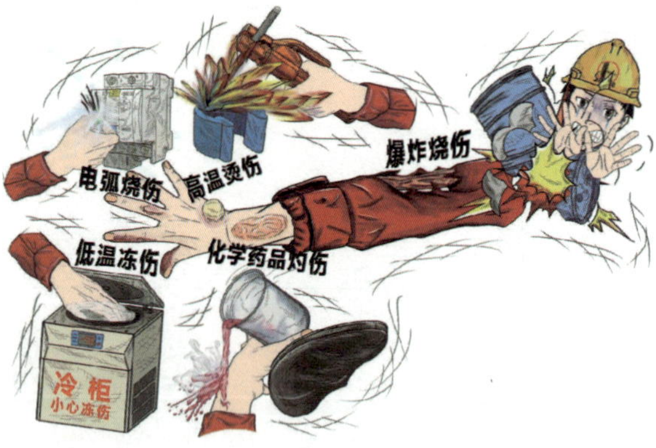

2

分类与选择

1. 防护服的分类

根据防护的功能区分，躯干部的服装防护可分为以下几种，见表 1–1。

表 1–1　躯干部防护服装一览表

防护服种类	防护的有害因素	适用作业举例	图片示例
防静电服	静电	火灾及爆炸危险场所。例如采油采气、井下作业、石油钻井、炼油操作、化工操作等	
防电弧服	电弧	发电、输电、变电、配电和用电过程中从事运行、调试、检修和维护等相关作业场所。例如变电运行、发电、输配电作业等	
阻燃服	防短时间爆燃和辐射热	有明火、散发火花、熔滴飞溅、弧光辐射、有易燃物质并有火灾危险的场所。例如爆炸作业、石油钻井作业、催化剂制造、油库维修作业等	

续表

防护服种类	防护的有害因素	适用作业举例	图片示例
高可视性警示服	警示	海上作业等需要提高作业人员可视性以保障个人安全的场所。例如涉海采油、钻井、作业和船舶作业等	
隔热服	高温、辐射热	热加工、高温炉前等存在高温作业的场所。例如焚烧装置操作、热力网运行作业、锅炉作业等	
防烫服/避火服	短时间高温	可用于石油化工、发电等高温区域作业防护，以及消防员短时间穿越火区进行抢险救援	
焊接服	熔融金属飞溅	焊接作业等有熔融金属飞溅及其热伤害的场所。例如焊工等	
熔融金属飞溅防护服		存在熔融金属飞溅危害的场所，不适用于消防和应急救援场所使用	
化学防护服	化学药品	化验、配液、加药、催化重整等可能接触化学品和颗粒物的场所。例如化学水处理、炼油操作、化工操作、催化剂制造、基础化学原料生产等作业	

续表

防护服种类	防护的有害因素	适用作业举例	图片示例
抗油易去污防静电防护服	油脂	石油、石化等重油污且有静电防护需求的作业场所。例如井下作业、石油钻井等	
冷环境下用防护服	低温	低温环境作业或冬季室外作业场所	
微波辐射防护服	微波辐射	通信发射台站、广播电视发射台站等。适用防护频率范围为 300MHz~300GHz 的微波辐射	

2. 阻燃防护服

阻燃防护服分为本质阻燃和化学处理的阻燃棉类两种。

类别	特点	经模拟人体燃烧后的图示
本质阻燃	由芳纶等面料制成，纤维本身具有阻燃性能	
化学处理的阻燃棉	阻燃防护性能会随着洗涤和使用次数的增多而降低，增加了皮肤灼伤的风险	

3. 化学防护服

（1）酸碱类化学品防护服

按材质分为织物结构和非织物结构，织物类和非织物类分别分为三个级别。

分级		级别指标	参考适用范围和部分工种
织物类	一级	洗前穿透时间：$t \geq 30$min 洗后穿透时间：3min $\leq t<5$min 洗后耐液体静压力：175Pa $\leq p<520$Pa	a. 只适用于以下酸碱污染场所：80% 硫酸；30% 盐酸；40% 硝酸；30% 氢氧化钠。 b. 液态的溶液不带任何压力会透过织物的状况下才能使用。 c. 其他化学品的防护请参见化学防护服
	二级	洗后穿透时间：5min $\leq t<10$min 洗后耐液体静压力：520Pa $\leq p<1020$Pa	
	三级	洗后穿透时间：$t \geq 10$min 洗后耐液体静压力：$p \geq 1020$Pa	
非织物类	一级	渗透时间：90min $\leq t<120$min	
	二级	渗透时间：120min $\leq t<240$min	
	三级	渗透时间：$t \geq 240$min	

（2）化学防护服

- 按材质分为可重复使用化学防护服（橡胶或 PVC 类）和限次型化学防护服（多层薄膜贴合）两种。

产品类型	选择原则	图例
可重复使用化学防护服	经常性地暴露于已知污染物； 具备有效的洗消方法； 多次穿着、暴露和洗消不会影响化学防护服性能	
有限次使用化学防护服	未知的暴露环境； 没有建立有效的洗消方法； 洗消结果有效，但有可能危及化学防护服的防护性能或耐久性	

• 按防护物质的状态，分为六种。

分级		选择原则
气密型防护服 -ET		气体及蒸气防护，未知化学品或者环境浓度高于 IDLH 浓度
非气密型		气体及蒸气防护，环境浓度低于 IDLH 浓度
液密型	喷射液密型防护服	压力较高的液体防护
	喷射液密型防护服 -ET	压力未知的液体防护
	泼溅型防护服	无压或低压的液体防护
颗粒物		固体防护，摄入性危害的固体粉尘或化学物质（含非毒性漆雾）

注：若作业环境中同时存在不同状态的有害化学物质，应按照最优防护的原则选择化学防护服，即所选择的化学防护服应尽可能对作业环境中所有有害因素提供防护。

（3）化学防护服的选择

首先根据风险辨识结果，判断是否需要选择化学防护服，当化学物质浓度高于职业接触限值，或对皮肤有危害时，按下列方法选择。

● 根据化学物质状态选择。

根据化学物质的状态（气态、蒸气、固体、液体或颗粒物），选择防护服。

• 根据化学防护服等级选择。

由于化学品可以通过渗透作用使材料失效，所以应查阅厂商提供的抗渗透数据，确定材料的防护性能。

● 根据作业环境选择。

根据使用环境，选择织物或非织物、限次型或可重复使用的化学防护服。

- 根据舒适性和适体性选择。

3

穿戴与使用

1. 服装穿着

（1）防静电服、焊接服、阻燃防护服等织物类服装穿着要求

- 尺寸选择合适，不应太紧，略微宽松。

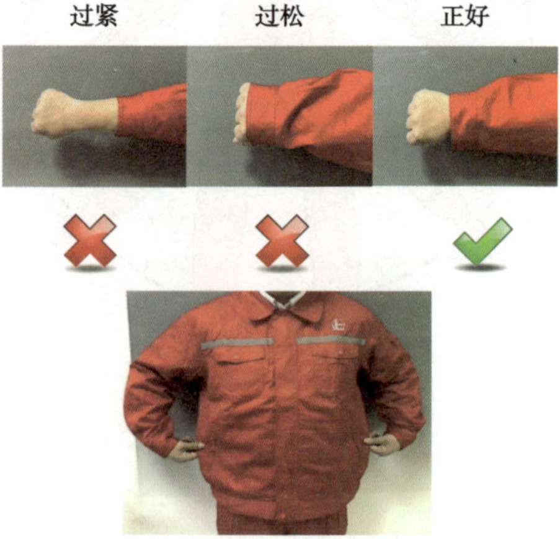

• 应该闭合连接部位（扣子、拉链、领口、袖口、裤子）。

类别	扣子和拉链	领口	袖口	裤子

				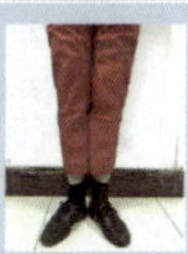

（2）化学防护服穿戴（以可重复使用的化学防护服为例）

①穿戴步骤

• 防护服内请穿着舒适、吸汗的工装。

• 戴好手套，穿好袜子。

• 穿上防护服，将拉链拉至锁骨。

• 戴好口罩和防护眼镜，保证密合不漏气。

• 戴上连体服连帽，保证头发在连帽内，拉好拉链门襟。

• 戴好外层手套，袖口在手套内，并用胶带将手套开口密封。

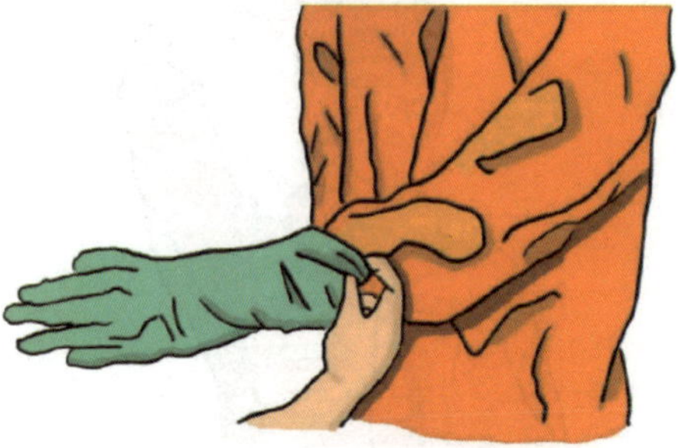

• 穿戴完毕。

②穿戴不当问题举例

- 手套套在了袖口里面，而且没有使用胶带封住连接处，靴子套在了防护服的外面，容易使液体透入手部、脚部。

靴子套在了防护服的外面，
容易使液体透入脚部。

• 防护服尺寸太小会使着装者觉得不适，容易导致布料或接缝处撕裂，致使皮肤接触化学品；尺寸太大存在操作不便、机械缠绕等风险。

③化学防护服的脱除步骤

- 对鞋套和外层手套进行洗消，解开鞋套。

- 脱掉外层手套。

• 从肩膀开始往外脱防护服。

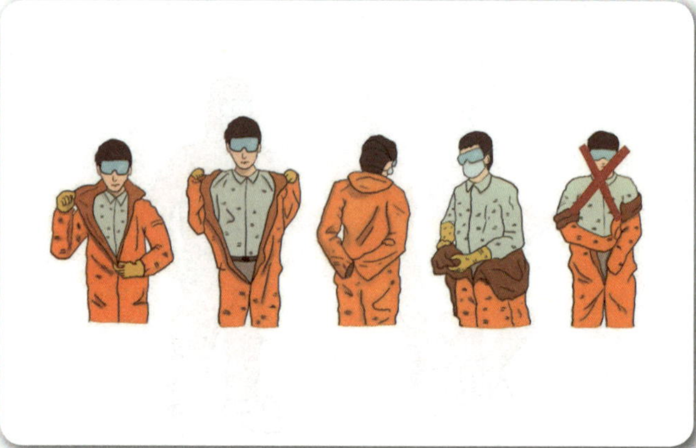

• 将防护服脱掉，保留内层手套。

- 小心摘下防护眼镜，不要碰到内层工装。

- 摘下口罩。

● 摘下内层手套。

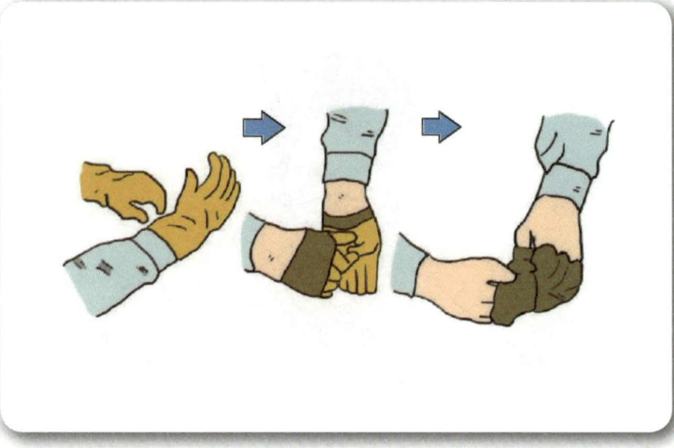

● 完毕。

④脱除防护服不当问题举例

• 手上戴着被污染过的手套直接脱衣服，容易污染内穿衣物和皮肤。

• 先脱已污染的手套，容易使手部受污染。

2. 使用注意事项

（1）（抗油易去污）防静电服、防电弧服

● 使用前对服装擦破、损坏及搭扣等附件进行检查，有缺陷的要修理、更换或报废。

• 禁止在火灾爆炸危险场所穿、脱防静电服，防静电服上禁止附加或佩戴任何金属物件。

（2）阻燃服、隔热服、焊接服、熔融金属飞溅防护服

①使用前检查

- 是否破损、变色。

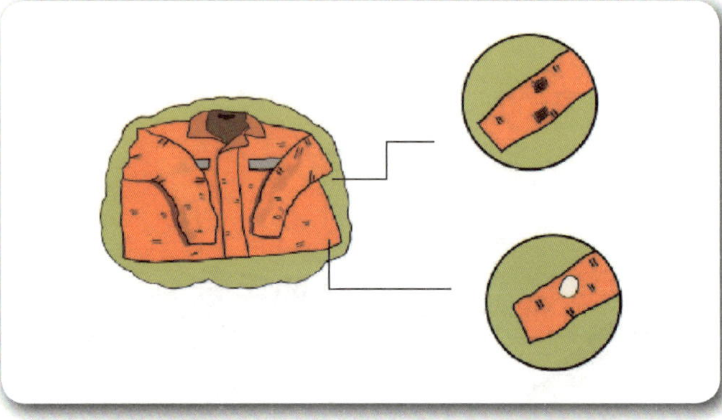

- 是否开裂、破洞。

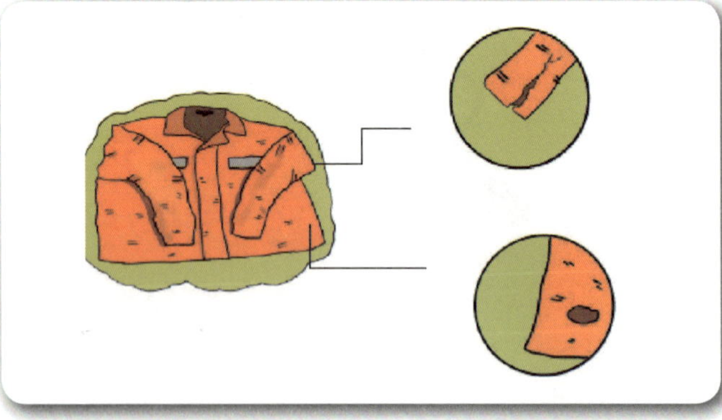

• 是否沾有可燃物质。

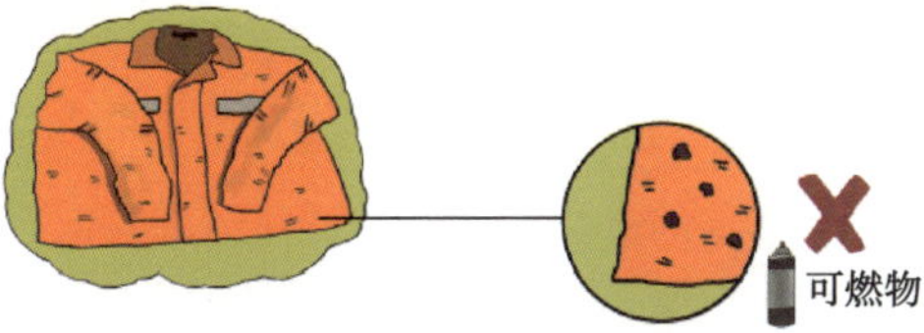

②选择天然材质的内衣，不可使用可熔融的化纤材料。

（3）化学品防护服

①进入相应的污染环境前，应先穿好防护服及配套的个体防护装备。

②每次使用前，应检查防护服的完好性。检查部位包括面料、接缝、闭合处等，化学防护服的检查部位还有视窗、手套、靴套等。检查内容包括裂纹、划痕、破洞、部件故障等。穿着完毕后，检查人员或不同穿着人员之间要对化学防护服穿着状态进行检查，检查内容包括服装是否有破损、服装穿着状态是否良好等。

③穿用时应避免接触器物，防止受到机械损伤。

④穿用时防止化学品从服装与身体的结合部位、服装之间、服装与其他个体防护装备之间浸入。穿戴时尽可能减少不必要的装饰，以免在褶缝处积存化学品而妨碍工作。

⑤使用者需根据实际情况选择并正确佩戴其他相应的防护装备（如手套、防护鞋等）。

⑥化学品防护服不可用于防火，不可用于防护电离辐射、低温气体或液体，不可用于防护高热液体、蒸汽、熔融金属、焊接等高温易燃环境。

4

维护与保养

1. 防护服的清洗

（1）（抗油易去污）防静电服

①发现油污的需先去除油污再使用中性洗涤剂进行洗涤。

②有搭扣的应在扣合状态下洗涤。

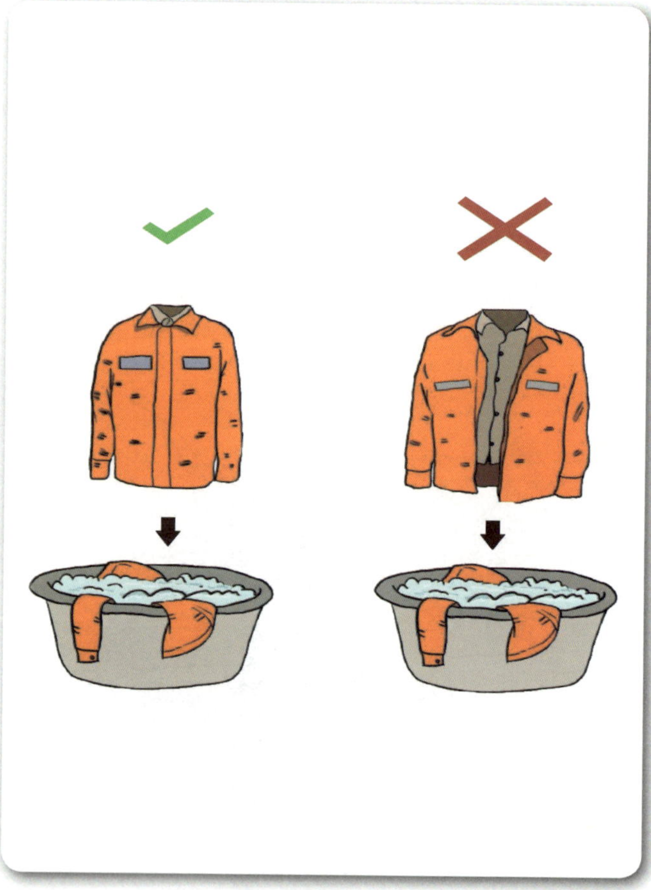

③防静电服随着穿用、洗涤的次数增多，其中导电长丝可能断裂，以致导电性能降低。因此，防静电服出现破裂、磨损、缝线断脱、霉变或导电纤维断脱，经测试失去防静电性能的应及时更换。

（2）防电弧服

防电弧服可机洗或手洗，应使用中性洗涤剂，勿使用漂白剂和柔软剂，勿与其他衣物一起洗涤。

晾干时，避免长时间暴晒或暴露在荧光灯下，以防紫外线对服装性能的损害。

（3）阻燃服、焊接服、熔融金属飞溅防护服

①应使用中性洗涤剂清洗，避免与其他材料的服装混洗、避免氯漂、避免使用肥皂洗涤（会影响阻燃效果）、避免晒干。

②防护服被穿着进过爆燃现场或沾染了可燃物质且无法清除时，应重新更换阻燃防护服。

进过爆燃现场

沾染了可燃物质且无法清除

（4）化学防护服

①受污染的化学防护服应及时洗消。

②对气密型化学防护服应定期进行检查。

2. 防护服的存放

（1）化学防护服应储存在避光、温度适宜、通风合适的环境中，应与化学物质隔离储存；已使用过的化学防护服应与未使用的化学防护服分别储存。

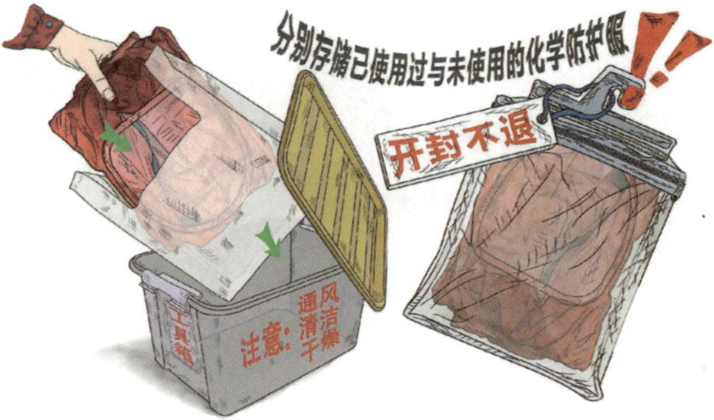

（2）其他类型防护服均不得与酸、碱、油及有腐蚀性的物品放在一起，存放处应干燥通风，防止鼠咬、虫蛀、霉变。

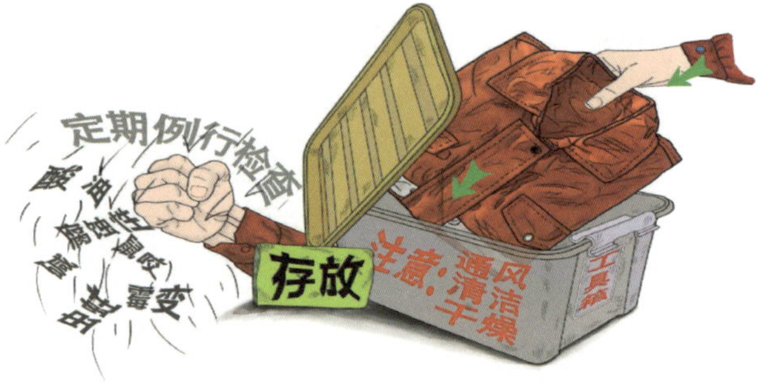

5 典型事故案例

1. 某钻井队爆燃灼伤事故

事故经过：

某钻井队所承钻的一个气井，因井下情况复杂，需要在泥浆中加入原油。作业人员采取潜污泵抽取方式，自罐内抽取原油，流入循环罐。为控制流量，需 10min 进行一次液面测量、校核。泥浆工张某在测量液面时，因未按照要求穿防静电工作服，工作时产生静电，突然发生闪燃，造成张某脸部灼伤。

事故原因：

张某未穿防静电工作服，引起静电释放打火。

安全生产 预防为主
静电引发闪燃
你没按要求穿
防静电工作服

2. 某公司机修工氢氟酸灼伤事故

事故经过：

某公司厂部指派机修工姚某和罗某拆除氟苯车间外墙的废弃管道，管道连接于静置罐与废酸回收设备之间，管内介质为氢氟酸溶液。姚某在拆卸管口时，管内残留的氢氟酸溶液顺管口流出，溅洒在姚某腿部，导致皮肤大面积灼伤。

事故原因：

姚某违章操作，情况不明时未冲洗管道，直接进行管道拆除作业，企业没有为从业人员配备必要的化学防护用品并监督其正确穿戴。

天呀！
我们没有冲洗管道
也没有穿化学防护服
管道内
残留氢氟酸溶液
流到我的腿上了
啊！
氢氟酸
酸回收

第二部分

坠落类防护

1 危害因素

石油石化企业具有生产工艺技术复杂、装置大型化等特点，部分岗位需要频繁登高作业，常伴有因被蹬踏物突然断裂、移动位置时踏空、失稳等引起的坠落风险。这些风险普遍存在于石油石化企业诸多岗位中。

2

分类与选择

1. 分类

防坠落类防护用品包括安全带、安全网、挂点装置、安全绳、连接器、缓冲器、自锁器和速差自控器（防坠器）等，详见表 2-1。

表 2-1　坠落类防护用品一览表

分类		定义	图例
安全带	区域限制安全带	用以限制作业人员的活动范围，避免其到达可能发生坠落区域的安全带	
	围杆作业安全带	通过围绕在固定构造物上的绳或带将人体绑定在固定构造物附近，使作业人员的双手可以进行其他操作的安全带	
	坠落悬挂安全带	高处作业或登高人员发生坠落时，将作业人员安全悬挂的安全带	
安全网	平网	安全平面不垂直于水平面，用来防止人、物坠落，或用来避免、减轻坠落及物击伤害的安全网	
	立网	安全平面垂直于水平面，用来防止人、物坠落，或用来避免、减轻坠落及物击伤害的安全网，立网不能代替平网使用	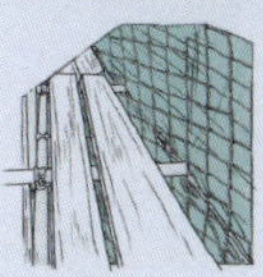
挂点装置		用于连接坠落防护装备与附着物（墙等固定设施）的装置	

续表

分类	定义	图例
安全绳	在安全带中连结系带与挂点的绳。一般与缓冲器配合使用	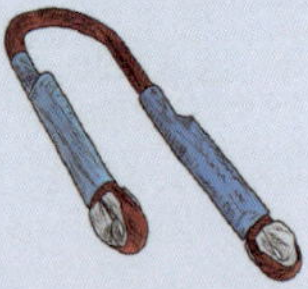
连接器	可以将两种或两种以上元件连接在一起，具有常闭活门的环状零件	
缓冲器	串联在系带和挂点之间，发生坠落时吸收部分冲击能量、降低冲击力的零部件	
自锁器	附着在刚性或柔性导轨上，可随使用者的移动沿导轨滑动，由坠落动作引发制动作用的部件	
速差自控器（防坠器）	安装在挂点上，装有可伸缩长度的绳（带、钢丝绳），串联在系带和挂点之间，在坠落发生时因速度变化引发制动作用的产品	

2. 安全带和安全网的选择

根据适用范围选择合适的安全带和安全网，见表 2–2。

表 2–2　安全带和安全网的适用范围

类别		适用范围	备注
安全带	区域限制安全带	用以限制作业人员的活动范围，避免其达到可能发生坠落区域。例如屋顶、罐顶作业	
	围杆作业安全带	当在作业过程中需要提供作业人员部分或全部身体支撑，使作业人员双手可以从事其他工作时使用。例如电线杆作业	当围杆作业安全带适用的固定构造物可能产生松弛、变形时，同时佩戴坠落悬挂安全带
	坠落悬挂安全带	高处作业或登高人员作业使用。例如攀爬、进入罐体等密闭空间作业	
安全网	安全平网	施工中，工作平面高于坠落高度基准面 3m 及 3m 以上，对人群进行坠落防护时，应在存在坠落危险的部位下方张挂安全平网	
	安全立网	施工中，工作平面高于坠落高度基准面 3m 及 3m 以上，对人群进行坠落防护时，应在存在坠落危险的部位外侧垂直张挂安全立网或 A 级密目式安全立网	
	密目式安全网	主要用于施工中建筑物的外围防护，防止人员或物体坠落和刮风扬尘	

注：1. 在实际作业中，应选择多种坠落防护装备配合使用，以达到更好的坠落防护效果。

2. 可以根据作业环境，选择有特殊性能的坠落防护用品，例如具有阻燃、抗腐蚀、耐高温、耐低温、抗油拒水性能等。

3 佩戴与使用

1. 安全带

（1）使用前检查

使用前应检查各部位是否完好无损，安全绳、系带有无撕裂、开线、霉变，金属配件是否有裂纹、是否有腐蚀现象，弹簧弹跳性是否良好，以及其他影响安全带性能的缺陷。如发现存在影响安全带强度和使用功能的缺陷，则应立即更换。

（2）穿戴方法（以五点式坠落悬挂安全带为例）

• 握住安全带的背部 D 形环。抖动安全带，使所有的编织带恢复原位。

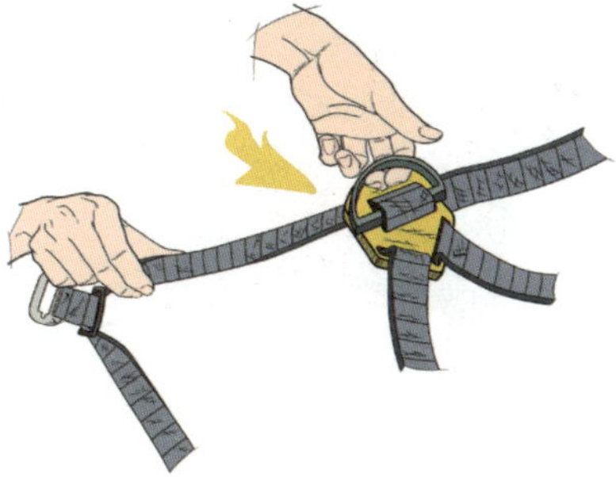

• 如果胸带、腰带或腿带被扣住的话，请松开编织带或解开带扣。

解开各个环带的搭扣。

● 把肩带套到肩膀上，让 D 形环处于后背两肩中间的位置。

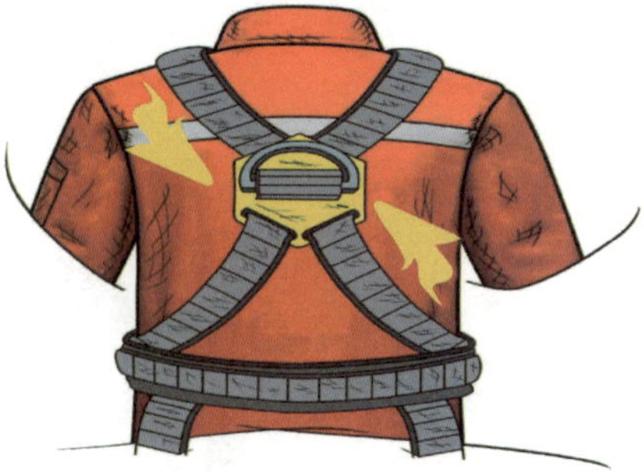

● 扣好胸带并将其固定在胸部中间位置，拉紧肩带，将多余的肩带穿过带夹来防止松脱。

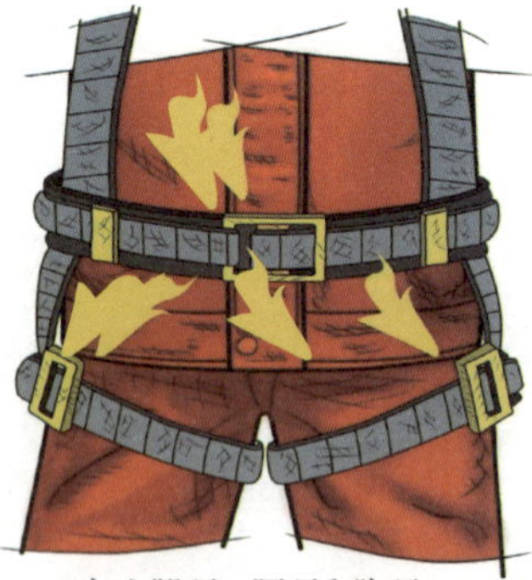

扣上腿环、腰环和胸环。

• 当所有的织带和带扣都扣好后，收紧所有的带扣，让安全带尽量贴近身体，但又不会影响活动。将多余的带子穿到带夹中防止松脱。

扣好所有搭扣,在不影响活动的前提下收紧各个环节。

（3）使用中注意事项

①安全带应拴挂于牢固的构件或物体上，防止挂点摆动或碰撞。

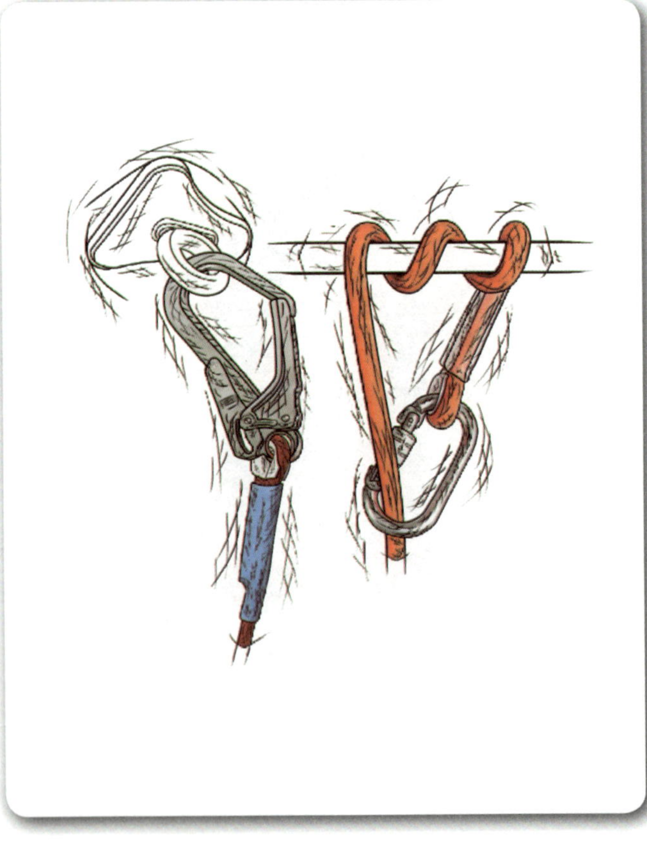

②使用坠落悬挂安全带时，挂点应位于工作平面上方。

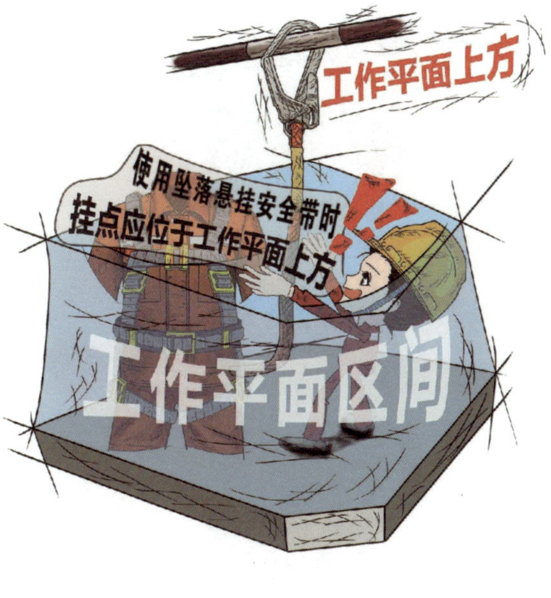

③使用安全带时，安全绳与安全带系带不能打结使用。

④高处作业时，如安全带无固定挂点，应将安全带挂在刚性轨道或具有足够强度的柔软轨道上，禁止将安全带挂在移动或带尖锐棱角的或不牢固的物件上。

⑤使用中，安全绳的护套应保持完好，若发现护套损坏或脱落，必须加上新套后再使用。

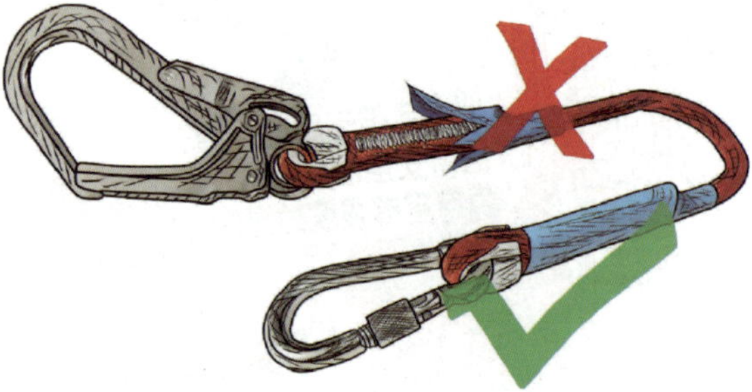

⑥安全绳（含未打开的缓冲器）不应超过 2m，不应擅自将安全绳接长使用，如果需要使用 2m 以上的安全绳应采用自锁器或速差式防坠器。

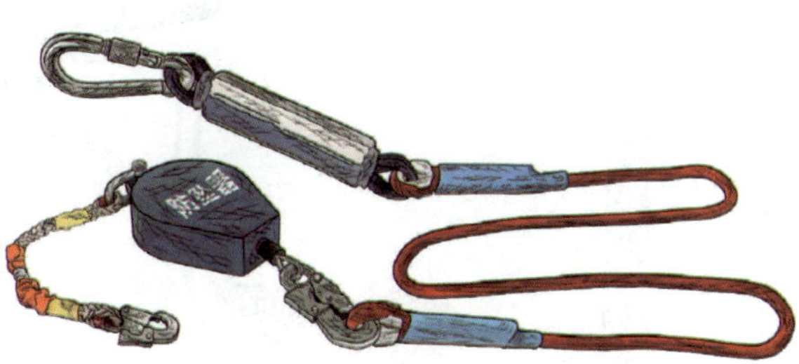

⑦使用围杆作业安全带时，应采取有效措施防止意外滑落，宜配合坠落悬挂安全带使用。

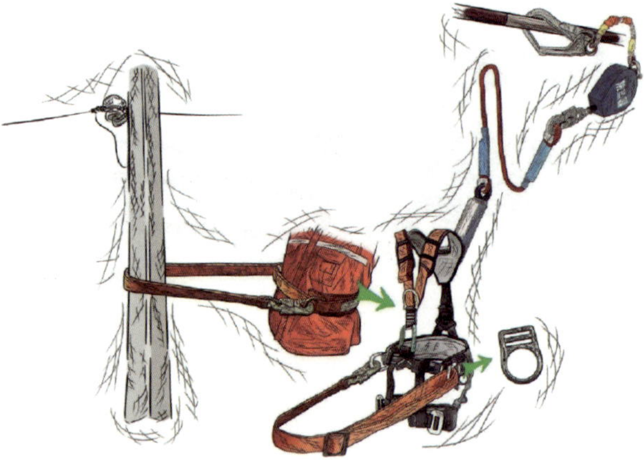

⑧使用中不应随意拆除安全带各部件，使用连接器时，受力点不应在连接器的活门位置。

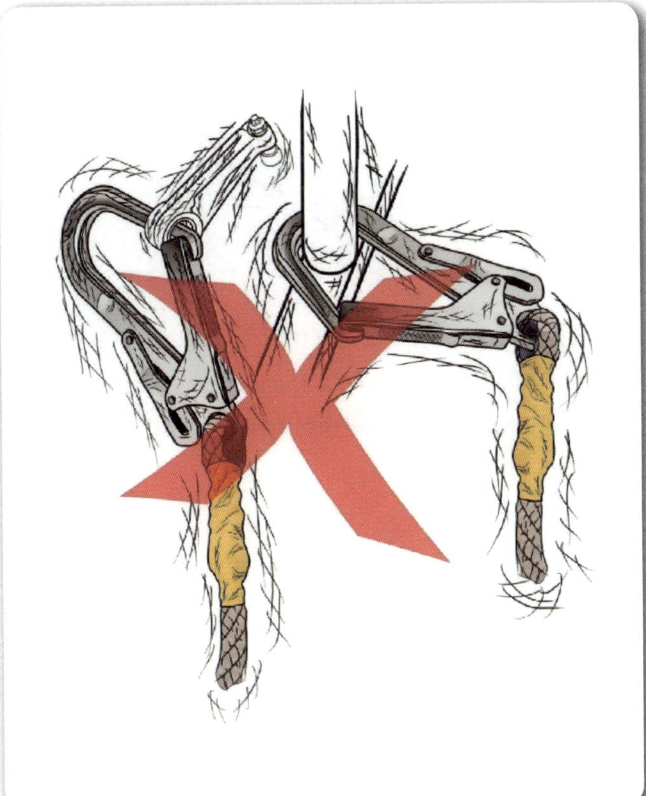

（4）锚点设定的位置要求

①垂直方向。须提供足够的坠落净空，人员坠落后不接触地面或任何物体。

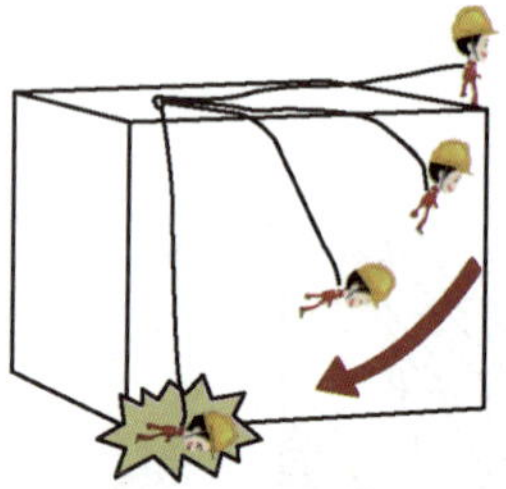

②水平方向。须尽量靠近作业位置，以避免钟摆效应；如果挂点偏移作业位置中心线太远，发生坠落时，人员在空中会出现摆动现象，并可能撞到墙或其他物体或撞到地面而受伤。

2. 安全绳、缓冲器、连接器

使用前应检查以下项目：

（1）接头是否完整？

（2）缓冲器是否完好？

（3）金属部件是否变形、腐蚀、锈蚀？

（4）织物带、护套等是否有断开、磨损或撕裂？

（5）绳索或皮带是否有撕裂、磨损、烧坏等？

（6）是否有任何扭曲或磨损？

3. 速差器

使用前应检查以下项目：

（1）所有系带 / 钢缆都能自由伸缩，系带无磨损、撕裂、损坏、断裂、腐蚀等现象，尾端都已压接或缝制完好。

（2）制动功能检查方法：给予系带 / 钢缆一个迅即的拉力来检查，速差器应可以立时制动。

（3）金属部件没有变形、腐蚀、锈蚀痕迹，螺丝及紧固铆栓齐全，且都已适当旋紧。

4. 自锁器

（1）使用前检查

①检查自锁器的螺丝、弹簧、刹车板等附件是否完好。

②检查旋转部位与开合部位是否有锈迹，动作是否灵活。

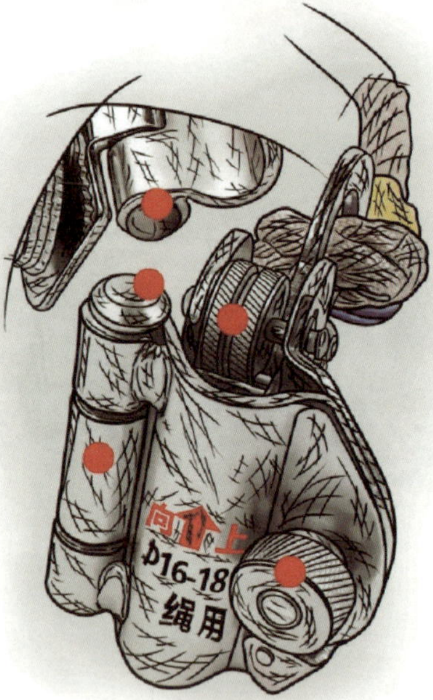

③检查下坠受力部位有无严重受力迹象。

④检查缓冲包的位置有无拉伸现象。

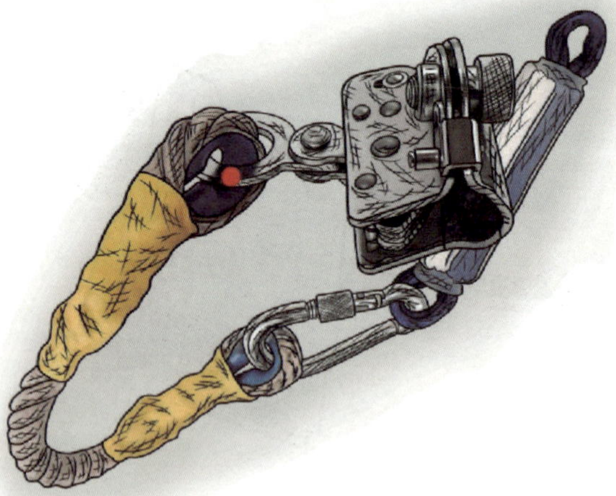

（2）使用

①自锁器连接到胸部挂点。使用时注意防止胸部金属环因翻转而硌伤。

②按照箭头方向，向上方式安装自锁器至导轨或绳索。

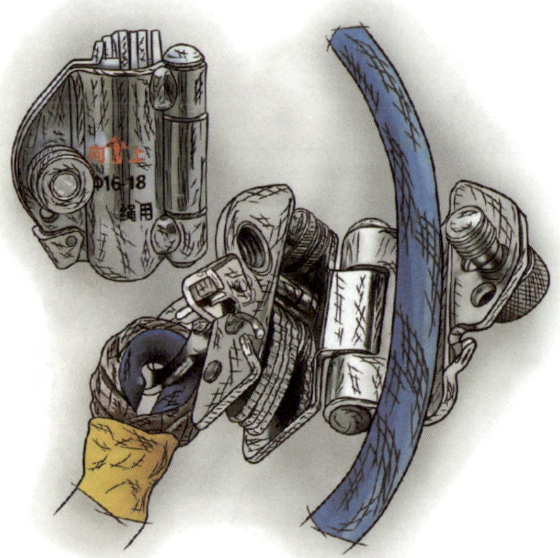

③每次攀爬前进行下坠试验：用身体慢速下坠，检查自锁功能是否正常。

④自锁器解锁：左手拇指按住按钮，双手同时向外拉，即可解锁。

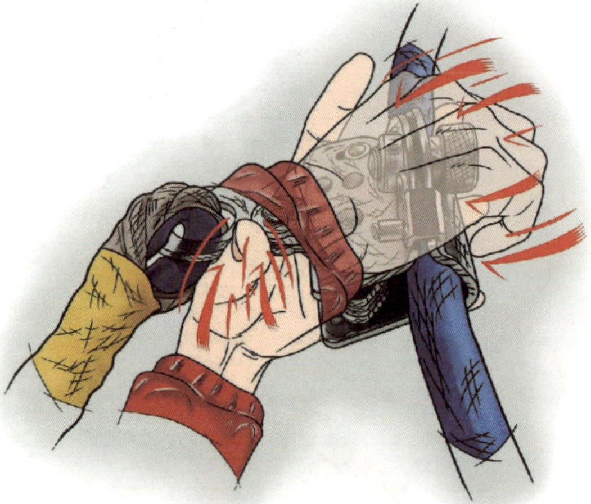

5. 安全网

（1）使用前检查

对使用中的安全网，应由专人每周进行一次现场检查，并对检查情况进行记录。确定什么情况下应立即对安全网进行修理或更换。具体如下：

● 网体、网绳及支撑框架是否有严重变形或磨损；

● 安全网是否承接过坠落或其他形式的负荷（通常表现为网的局部变形）；

● 所有挂点装置是否完好且工作正常，有无系绳松脱等现象；

● 网上是否有碎物或附着物，如有，是否对安全网造成损伤；

● 安全网是否发生霉变；

● 网上是否有破洞或绳断裂现象。

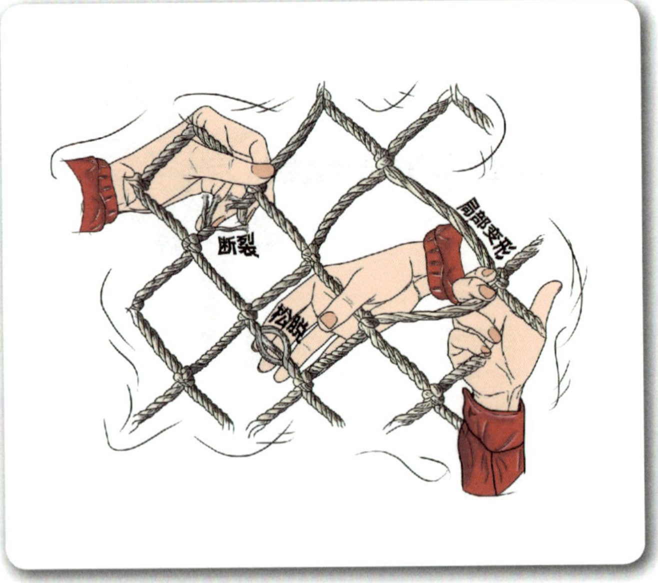

（2）安全网的安装位置

安全网应尽可能远离高压线缆、塔吊及其他移动机械，并远离焊接作业、喷灯、烟囱、锅炉等热源。

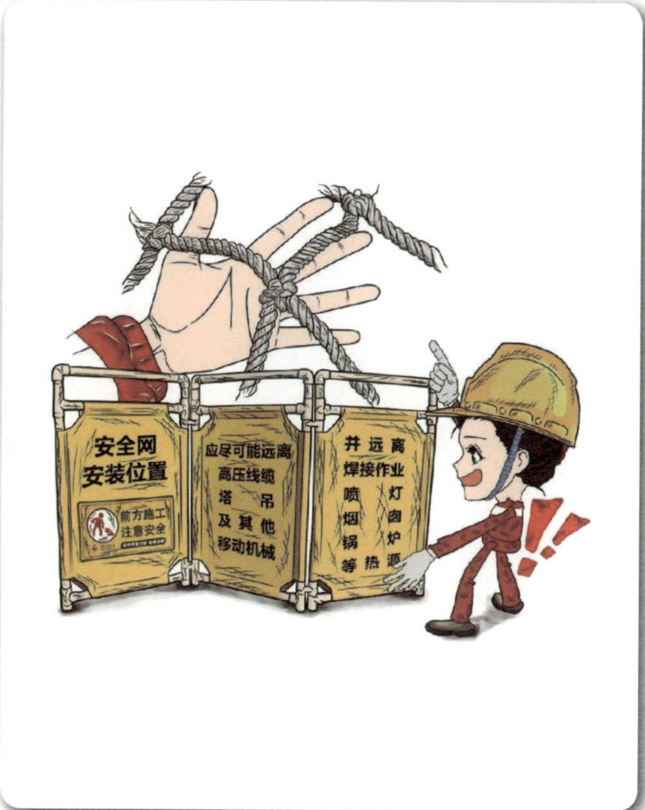

安全网的安装平面应易于到达，便于安全网的检查、清理、维修、更换以及对坠落者进行救援；平网的安装平面应尽可能地靠近工作平面；立网、密目网的安装平面应垂直于水平面，严禁作为平网使用。

4 维护与保养

（1）应当用水和中性肥皂清洗织物类部件，不得使用酸性或碱性溶剂。

（2）不用时应由专人保管，存放于通风、干燥环境，存放时避免接触热源、腐蚀性物质、有机溶剂或尖锐物体，避免阳光直射。

（3）储存时，应对装备定期进行外观检查，发现异常必须立即更换，检查频次应根据使用频率确定。

5 典型事故案例

1. 某公司员工高处坠落事故

事故经过：

某工程公司员工在新建硫黄造粒厂房进行铺设顶棚钢板作业时（高度为 18.15m），由于没有采取防坠落安全措施，作业人员杨某在固定钢板时踩空，从房顶坠落死亡。

事故原因：

高处作业时没有佩戴区域限制安全带，没有设置安全网等防护措施。

啊
你没穿
防坠落安全带?

2. 某企业员工高处坠落事故

事故经过：

某公司3名员工对加氢裂化装置的热低压分离器进行检查，在反应器底部检查完毕后，顺软梯来到分离器中部的防冲板（距罐底6.66m）上检查，攀爬过程中，张某踩空，从防冲板坠落至罐底，抢救无效死亡。

事故原因：

违反高处作业规定，在攀爬过程中未使用安全带，张某在防冲板上意外跌落。

快上来，
咱们检查防冲板。
放心吧，
才6m多高。
小心点，
这么高
安全带都不用。

糟糕
让你不用安全带
哎呀
踩空了